MÛRIERS
ET VERS-A-SOIE.

MÛRIERS

ET

VERS-A-SOIE,

PAR

JOSEPH-IGNACE GHILIOSSI-DE-LEMIE,

PRÉSIDENT DU TRIBUNAL CIVIL SÉANT A CONI,

MEMBRE DU CONSEIL GÉNÉRAL DU DÉPARTEMENT DE LA STURA, DE LA SOCIÉTÉ D'AGRICULTURE, SCIENCES, ARTS ET COMMERCE DE LADITE VILLE, DE CELLE D'AGRICULTURE, ET CORRESPONDANT DE L'ACADÉMIE IMPÉRIALE DES SCIENCES DE TURIN, ANCIEN JUGE DU CONSULAT, SÉNATEUR, PROCUREUR GÉNÉRAL DU COMMERCE ET DIRECTEUR DES MAISONS DE RÉPRESSION DITES *ERGASTOLO* ET *MARTINETTO*.

CONI,

Chez PIERRE ROSSI, Imprimeur de la Préfecture.

1812.

A Monsieur

De la Vieuville,

Chambellan de S. M. l'Empereur et Roi,

Comte de l'Empire,

Chevalier de la Légion d'honneur,

Préfet du Département de la Stura,

Hommage

de respectueux dévouement et de haute considération

de Ghiliossi-de-Lemie.

Torino, li 29 gennajo 1811.

CESARE SALUZZO, MEMBRO E SEGRETARIO PERPETUO DELL' IMPERIALE ACCADEMIA DI SCIENZE, LETTERATURA E BELLE ARTI,

AL SIGNOR GHILIOSSI DI LEMIE, PRESIDENTE DEL TRIBUNALE CIVILE SEDENTE IN CUNEO, SOCIO CORRISPONDENTE DELL' IMPERIALE ACCADEMIA DI TORINO.

SIGNOR PRESIDENTE CHIARISSIMO,

A tenore della relazione dei Signori Commessarj Accademici deputati all' esame dello scritto da V. S. Pregiatissima trasmesso alla classe di letteratura e belle arti di questa Imperiale Accademia, col titolo: Mûriers et vers-à-soie, *essendo state per legittimo partito approvate le conclusioni dell'accennata relazione, mi viene posto l' onorevole carico di ringraziare la S. V. Pregiatissima del favore da lei mostrato alla classe medesima nel comunicarle il lodato manoscritto.*

Giovami però quindi significarle che, in prova del gradimento dal medesimo incontrato, non dissente la classe, che, quando piaccia alla S. V. farlo pubblicare colle stampe, ella si prevalga del titolo di Socio corrispondente di questa Imperiale Accademia.

Anzioso di poterla convincere del desiderio che tengo vivissimo di dimostrarle la mia particolarissima stima, io passo con questi sensi a dichiararmele,

Di V. S. Pregiatissima,

Divotissimo ed obbligatissimo servitore,

Cesare Saluzzo.

CHAPITRE PREMIER.

Introduction de la graine des vers-à-soie et des mûriers en Piémont.

L'Europe ne saurait assez témoigner de reconnaissance à l'empereur Justinien pour l'introduction des vers-à-soie, qui, avant lui, n'étaient soignés que dans l'Asie.

Ce sage monarque, qui possédait dans son empire et principalement dans ses états d'Italie, des mûriers (1), voyait avec peine le dommage qui en résultait à ses peuples qui, éblouis de l'éclat des soieries, envoyaient leur argent en Perse contre laquelle il était en guerre. Il imagina de pouvoir arrêter ou diminuer la sortie de l'argent à l'étranger, en imposant des gabelles très-fortes (2); mais il se trompa dans son attente, et avisa avec beaucoup plus de succès aux moyens de nourrir le penchant de son peuple, en évitant l'inconvénient grave qui en était la suite.

(1) Muratori, dissert. 25 et 30. — Geoffroi dans le dernier volume de la matière médicinale.

(2) Loi 17, §. 7 du Digeste, tit. De Publicanis et Vectigalibus: 7 du code, De Vectigalibus et Commissis

A cet objet, il envoya deux moines à Zélinda, une des provinces du Mogol, en les chargeant de s'y procurer de la graine des vers-à-soie, et d'apprendre la manière d'élever ces insectes.

Le but de cette mesure a complètement réussi en l'an 525; la graine fut transportée; les vers-à-soie furent élevés à Rome, et les Romains eurent pour quelque tems le privilége exclusif de la soie, qui ensuite se répandit en Grèce, de-là en Sicile, depuis en Italie et en France (3).

Dans tous les tems, cette branche d'agriculture et de commerce a appelé l'attention et fixé la sollicitude des souverains de l'Europe; la France y a donné le plus grand encouragement, et les princes de Piémont, lesquels ont sans doute reconnu que le climat était beaucoup favorable aux vers-à-soie, et que les mûriers étaient d'une qualité excellente, laquelle est aussi due au climat, n'ont

(3) De l'origine de la soie, par le sieur Mahudel. - Mémoires de littérature de l'académie royale des inscriptions et belles lettres, tom. 5, pag. 218. — Denina, Rivoluzioni d'Italia, tom. 2, lib. 14, cap. 11; Torino 1769, Reycends, in 4.°. - Gemelli, Rifiorimento della Sardegna, lib. 2, cap. 13, art. 1; Torino 1776, Briolo, in 4.°. — Betti, Il baco da seta, dissert. istorica attorno alla seta, edizione seconda; Verona 1765, Moroni, in 4.°. — Zanon, Della agricoltura, delle arti e del commercio, vol. 2, lettera 4; 1763, Fenzo, in 8.°

rien négligé pour que leurs peuples reconnussent et ressentissent les précieux avantages de la culture des mûriers et des vers-à-soie.

La France, au commencement du XVII siècle, jouissait déjà du bonheur de se voir éminemment distinguée par rapport aux productions de ses terres.

Le duc de Sully (4) en excepte cependant la soie, parce qu'il croit qu'elle était refusée à la France pour son climat ; les obstacles que ce ministre croyait pouvoir s'opposer à ce qu'on recueillit de la soie dans ledit état, furent victorieusement combattus et détruits par le grand Henri IV, son maître, et ses successeurs (5), lesquels ordonnèrent les distributions de pieds de mûriers, et accordèrent des récompenses à ceux qui les auraient fait subsister trois ans après leur plantation ; cette branche importante a, dès-lors, été cultivée avec plus d'attention et répandue dans plusieurs provinces du royaume (6).

Les princes de Piémont ont, depuis les époques les plus reculées de leur règne, encouragé la soie

---

(4) Mémoires de Sully, tom. 5, liv. 16 ; Londres, 1768, in-8.°.

(5) La murio-métrie, instruction sur le ver-à-soie, par Dubel ; Lausanne, 1770, in-8.°, Cuchet (pag. 21).

(6) Cours complet d'agriculture, par Rozier, tom. 7, article *Mûrier* ; Paris, 1786, in-4.°, rue et hôtel Serpente.

et les mûriers dont on voit une si belle et nombreuse plantation dans toute cette ancienne principauté.

La soie y a été introduite par les soins de Sibilla de Baugé, épouse d'Amé V de Savoie. En 1299 elle envoya un message à Genève pour y acheter de la graine de vers-à-soie (7).

Emmanuel-Philibert y a aussi puissamment contribué. En 1561, il encouragea non-seulement ce produit en particulier, mais aussi l'agriculture en général, aussitôt qu'il a été rétabli dans la possession de ses états; à cet effet, il envoya chercher à Gênes de la graine des vers-à-soie d'une espèce différente de celle qui était connue en Piémont; et dans le même an 1561, comme aussi en 1562, 1563, 1564, il fit planter dans une grange qu'il acheta sur le territoire de Tronsan, qu'il nomma la *Marguerite*, dix-sept mille mûriers, dont en 1568 il fit faire des viviers dans les vieux parcs de Turin (8).

---

(7) Dans les archives impériales, et dans les comptes du trésorier d'Ostello, on lit : *Computus Nicolai de Fago Clerici de expensis hospicii domine comitisse factis per manum suam a die dominico post festum appostolorum Petri et Pauli anno Domini MCC nonagesimo nono.*

(8) Proemio della sua legge de' 20 di aprile 1561 : « È assai manifesto che la lunga guerra sostenuta sovra » gli stati nostri per molti anni passati ha causato infiniti

Il ne nous résulte point que les souverains de Piémont aient, depuis Emmanuel-Philibert, encouragé la plantation des précieux mûriers; si nous devions

---

» danni ai popoli; morte d' innumerabili sudditi, perdite » e fuga di molti abitanti, arteri, agricoltori in altri » stati e lontani paesi per ischivar i colpi crudeli della » guerra, e gl' insopportabili carichi militari: e da questo » sono successi altri inconvenienti, che le terre e i campi » sono rimasi incolti e gerbidi, e gli stati nostri privi » d' arte e d' industria, senza la quale la maggior parte » degli uomini non ponno vivere, e desideroso in questa » parte ridurre la terra sterile a coltura, acciò produca » frutti fertili alla sostentazione degli uomini, e sussistere » le arti. A questo effetto conviene avere degli arteri ed » agricoltori d' altri paesi, che vengano abitare negli stati » nostri con qualche prerogativa. »

Tout ceci, comme aussi les dépenses faites pour l'achat des mûriers qui coûtèrent huit cents écus d'or d'Italie, et les autres entreprises, furent commises au jardinier Augustin Morcello, de Vigevano, et résultent des comptes des trésoriers généraux rendus pendant les susdites années 1562, 1563, 1568: les comptes existent dans les archives impériales.

Je suis redevable de ces notices, touchant l'introduction des vers-à-soie et des mûriers en Piémont, à une dissertation MS. qui m'a été adressée en 1789. Elle m'a été très-utile dans mes occupations. Et j'aime à rendre ici un témoignage public de ma reconnaissance envers son auteur qui est M. Vernazza-de-Freney, professeur d'histoire et sous-bibliothécaire à l'académie impériale de Turin, dont tous les écrivains de son tems attestent la vaste érudition et la bonté avec laquelle il les aida dans leur travaux par la communication de ses lumières.

cependant en croire à Zanon, le roi Victor-Amé II aurait cherché de donner l'encouragement le plus énergique à la plantation de ce riche arbre, ayant, selon lui, exempté de toute imposition les biens-fonds dans lesquels existaient des mûriers, et assujetti au double les autres qui en étaient dégarnis (9).

Cette allégation de ce savant auteur n'a pourtant aucun appui, d'après les plus exacts renseignemens que nous avons pris et les recherches particulières que nous en avons faites dans les archives impériales; mais il paraît que le gouvernement français, toujours zélé pour l'encouragement de l'agriculture et pour l'avancement de son commerce, ait voulu, en quelque façon, adopter cette mesure, parce qu'il a ordonné que dans les fossés côtoyans les chemins impériaux, les mûriers y existans fussent épargnés jusqu'à leur dépérissement (10), et que les terres défrichées et plantées avec ces arbres ne soient assujetties à aucun impôt pendant plusieurs années après leur défrichement (11).

---

(9) Cit. Zanon, tom. 2, lettera 9.

(10) Réglement de l'administrateur général Menou, 21 nivôse an 13.

(11) Instruction des 22 et 23 novembre 1790, tit. 3. Loi du 3 frimaire an 7, articles 112, 113, 114 et 115.

Les mûriers, qu'on peut appeler arbres de soie par l'assemblage des fibres soyeuses qui les composent, sont de différentes espèces, et leurs feuilles sont meilleures en raison de leur qualité, du climat et du sol.

Le climat du Piémont convient à cet arbre originaire de la Chine, et ainsi étranger à nous comme à tout le reste de l'Europe. Le sol qui lui est plus propre est le terrein sec, pierreux, sablonneux et élevé; et parmi les différentes espèces, la plus convenable est celle du mûrier blanc, en donnant la préférence à celui greffé sur la feuille d'Italie, appelé *mûrier rose*, qui abonde en Piémont (12).

La bonne espèce des mûriers dont les plaines du Piémont sont parsemées a été reconnue partout, et le

---

(12) Mémoires sur la culture du mûrier blanc, par M. Thomé, 1771, Amsterdam, et se trouve à Lyon chez Amé de la Roche, tom. 1, chap. 8, quest. 27, quest. 42 et suivantes. — Mémoires sur l'éducation des vers-à-soie, par M. l'abbé de Sauvages, Mémoire 3.e 1763, Gaude, in-8.o, pag. 23. — Cours complet d'agriculture par M. l'abbé Rozier, tom. 7, art. *Mûrier*, chap. 1 et 2, Paris, 1786, Serpente, in-4.o. - Cit. Denina et Gemelli, mêmes annotations. - Cit. Betti, annot. 3 et 4. - Giorgetti, il filugello, Venezia, 1752, in 4.o presso il Velvareuse, annot. 33, pag. 122. - Citato Zanon, tom. 1, lettera 15. — Miniscalchi, Mororum, lib. 3, Veronæ, 1769, in 4.o, Carattoni.

luisant, la souplesse, la finesse et le nerf de la soie que nous retirons, et qui doivent être en raison de la matière dont les vers se nourrissent, attestent cette vérité.

Le ci-devant Piémont n'avait d'autre loi à l'égard des mûriers, hormis la défense d'en exporter la feuille à l'étranger, en assujettissant les coupables à une amende, et subsidiairement à une peine corporelle (13).

Plusieurs lois et quelques instructions ont cependant été publiées à l'égard de ce merveilleux insecte, sur son éducation, sur le tirage et le moulinage de la soie. Elles ont eu pour la plupart les suffrages même des étrangers.

C'est pendant le règne du célèbre Emmanuel-Philibert, que Vida, de Crémone, évêque d'Alba en Montferrat (14), et Thésauro (15), ont chanté en vers les éloges de cet insecte, à l'égard duquel l'auteur contemporain Bottero s'exprime ainsi (16):

---

(13) Loi 5 mai 1763.

(14) Vida, De bombicum curatione, et usu; Lugduni 1566, apud Griphum, in 12.

(15) Della sereide di Alessandro Tesauro, lib. 2, Torino 1585, presso gli eredi del Bevilaqua, in 4°.

(16) La primavera, canto V, stanza 72.

Agli angosciosi bachi, or che bisogna,
E quai benigna scorgi, addestra, aita,
E le tue santi sgrida, insta, rampogna,
E se convien, in tuo soccorso invita
Nuovi ajuti da Lucca e da Bologna.

Emmanuel-Philibert, qui sera toujours mémorable dans les annales de l'histoire, n'a pourtant fait aucune loi relativement à la soie ; ce fut Charles-Emmanuel, son fils, qui en a fait la première en 1592 (17).

Ses successeurs en firent des autres, et c'est à elles et à leur observance, que les Piémontais sont en partie redevables de ce précieux organcin qui fait la chaîne des plus superbes étoffes, et qui leur apporte de l'argent pour suppléer en la plus grande partie aux épiceries, marchandises et autres objets qui leur manquent, et qu'ils achètent de l'étranger.

Nous rapporterons toutes ces lois et instructions dans les différens articles qui commenceront de la graine des vers-à-soie jusqu'à ce qu'elle soit réduite en organcin.

---

(17) Loi 5 juin 1592.

CHAPITRE SECOND.

Loi sur la graine des vers-à-soie ; préférence à celle du pays ; consigne et défense de sa sortie à l'étranger.

Ce fut dans les ans 1750 et 1777, en lesquels ayant été assez modique la récolte des cocons, et leur prix assez haut en raison de leur rareté, que le gouvernement piémontais a cru, du haut de sa sagesse, de prévenir la rareté de la graine des vers-à-soie ; à cet effet, il a donné des ordres et des instructions, moyennant lesquelles tout vendeur de cocons et maître de filature était obligé de prélever 369 grammes, c'est-à-dire une livre pour chaque rub, poids ancien, pour chaque neuf kilogrammes de cette marchandise (18).

Cette mesure paternelle intéressait à la fois le bien de l'état et celui des particuliers, son but étant de prévoir non-seulement la rareté de la graine pour l'an suivant, mais de faire trouver celle du propre pays beaucoup plus préférable à l'étrangère, parce que la même étant comme naturalisée au climat et aux mûriers, réussit mieux que celle qu'on fait venir de loin à grands frais, et dans l'incertitude de sa perfection, sans qu'on puisse

(18) Loi 23 juin 1750, 16 juin 1777.

s'en garantir ; car la mauvaise graine est aussi belle en apparence que la parfaite ; elle a la même couleur, et on y trouve quelquefois toutes les marques auxquelles on a coutume de démêler celle qui est bonne.

C'est donc à la graine du pays, à laquelle non-seulement pour tous les motifs sus-énoncés il faut donner la préférence, mais aussi pour la difficulté d'avoir des correspondans fidelles parmi ceux qui en font le commerce.

L'ancien gouvernement a non-seulement eu soin de réveiller l'esprit de ses sujets, afin que dans les années de rareté et du haut prix des cocons ils ne négligeassent rien pour avoir de la graine pour l'an suivant, mais aussi de tout tems il a donné des lois, soit pour l'annuelle consigne (19) de la graine, soit pour la défense de sa sortie à l'étranger (20).

Ces ordres étaient l'effet de la sage prévoyance du gouvernement qui, faisant de ces soies l'objet de sa politique et de ses richesses, ne négligeait le moindre soin à cet égard, et pas même celui d'avoir et de retenir dans ses états la graine des vers-à-soie, lors sur-tout que, d'après son crédit reconnu, il savait qu'elle était recherchée par les étrangers.

---

(19) Édits 12 avril 1650, 24 avril 1702, 14 janvier 1720, §. 13.

(20) Édit 13 juin 1700.

CHAPITRE TROISIÈME.

Du choix des cocons pour faire la graine, des moyens de la faire et de la conserver jusqu'au tems de la couvée.

LE gouvernement piémontais n'a jamais donné ni des règles ni des instructions à cet égard; mais la bonté de la graine des vers-à-soie du Piémont a été si éminemment sentie par les étrangers, qu'elle était recherchée par tout le monde. On doit cependant convenir qu'aucune étude ni aucune lumière n'a contribué à cette préférence de bonté, et que la seule guide a été, chez les Piémontais, l'expérience et l'habitude.

Lesdits écrivains, Vida, Thesauro et Bottero, ont donné dans le siècle XVII quelques préceptes à cet égard. L'Italie et la France ont eu plusieurs célèbres auteurs qui, ayant médité sur ce merveilleux insecte, ne nous laissent plus rien à desirer à cet égard, sinon de suivre leurs observations et leur témoigner reconnaissance.

Le gouvernement milanais a permis, dans les années 1780 et 1784, de publier, sous ses auspices, une savante et exacte instruction sur le choix des cocons pour faire la graine des vers-à-soie, sur la manière de la faire, de la conserver, de la faire éclorre, et sur l'éducation des vers-à-soie, et a invité tous ceux qui auraient fait d'autres expériences et observations, d'en transmettre le résultat à la Société Patriotique érigée sous les auspices de son souverain, pour les progrès des arts et de l'agriculture (21).

Il paraît qu'une telle instruction sur les mêmes objets devrait aussi être publiée, parmi nous, en français et en italien, afin qu'elle fût à la portée de toutes les différentes classes du peuple. Nous nous occuperons de ces importantes matières, soit d'après les lumières des auteurs qui ont écrit sur cette matière, qu'ensuite des expériences et réflexions que nous avons faites pendant notre séjour continuel de sept ans environ à la campagne (22).

Tout propriétaire, avant de vendre les cocons, et tout maître de filature, avant de les faire filer, doit choisir sur la totalité ceux dont il a besoin, afin d'avoir la graine pour l'année suivante, et

---

(21) Ces instructions furent publiées en 1780, republiées en 1784, sous le titre: *Regola pratica e compiuta di allevare i Bigattì, felicemente adattata alla Lombardia, accresciuta in questa seconda edizione di varii utili avvertimenti*, 1784 (Milano) Galeazzi, in 8.°

(22) Cette retraite a eu lieu dans les tems des troubles politiques qui se sont succédés dans ces contrées : elle m'a permis de me dévouer entièrement à l'économie champêtre, au lieu de mes précédentes occupations en qualité de Juge du Consulat, Sénateur, Procureur général du Commerce, et Directeur de la Maison de répression, dite *Ergastolo*.

même de s'en tenir à l'ordre de l'ancien gouvernement, d'en prélever 369 grammes chaque neuf kilogrammes.

Ce calcul basé sur le fondement que 369 grammes de cocons doivent produire 30 grammes de graine de vers-à-soie, c'est-à-dire une once par chaque livre de cocons pour avoir une once de graine, est cependant incertain, et le plus souvent donne moins.

Nous avons remarqué qu'il faut en augmenter le poids à-peu-près d'un dixième pour avoir 30 grammes de graine, c'est-à-dire une once.

Le choix des cocons est bien essentiel; peu importe quelle soit leur couleur, quoique on puisse avec quelque probabilité conseiller de donner la préférence aux vers pâles dits *céladons*, parmi les blancs, jaunes et incarnats. Les plus durs, les plus fermes et les premiers faits marquent d'avoir plus de soie et contenir des vers plus robustes et vigoureux.

Il n'est pas trop facile, mais toujours l'expérience nous met dans la position de distinguer les cocons qui renferment les crysalides qui donneront un papillon mâle ou femelle.

On distingue les papillons mâles, en ce que leurs cocons se terminent en pointe par les deux bouts, et qu'ils sont plus gros au milieu.

Ceux des femelles, au contraire, sont ronds par les deux bouts et étroits au milieu.

Lorsqu'on a fait le choix de la quantité des cocons dont on veut avoir les papillons, il faut s'assurer de la vie de la crysalide, en secouant chaque cocon auprès de l'oreille. Si elle est morte, elle rend un bruit aigu; mais si elle est vivante, elle le rend sourd, et a moins de jeu dans le cocon.

On doit ensuite dépouiller les cocons de l'enveloppe cotonneuse, ou espèce de duvet qui les couvre, ce qui donne plus de facilité au papillon pour en sortir.

Il y a la coutume presqu'universelle de percer les cocons avec une aiguille pour les enfiler à un fil ou de soie ou de chanvre, et on les suspend ainsi enfilés pour attendre que les papillons les percent et en sortent. Mais il est sans doute plus utile de les étendre sur une table, parce qu'il arrive bien souvent qu'en passant l'aiguille dans les cocons, on perce la crysalide, ou on risque d'y introduire l'air qui lui est très-dangereux.

L'économie de la soie y a aussi sa part, parce que le cocon qui n'a pas été percé peut se filer, à l'exception de celui qui a eu l'opération de l'aiguille.

Il faut placer les cocons dans un endroit tempéré, afin que la crysalide ne soit pas trop hâtée, ne devant se métamorphoser en papillon que quinze ou vingt jours depuis la perfection du cocon.

C'est environ à cette époque qu'il faut tous les matins visiter les cocons depuis le lever du soleil jusqu'à huit heures. C'est le tems où l'on trouve les papillons sortis de leur coque.

On distingue facilement les mâles des femelles; les mâles ne sont pas plutôt sortis des cocons, qu'ils se mettent à battre des ailes, à s'agiter et à rôder d'une côté et de l'autre, jusqu'à ce qu'ils aient rencontré une femelle. Au contraire, les femelles ne battent point les ailes, ne font presque aucun mouvement, et sont plus grosses que les mâles, parce qu'elles sont pleines d'œufs.

Les papillons sortis de leur coque s'accouplent d'eux-mêmes par leur instinct naturel, quand ils ne sont pas empêchés par les cocons, sur-tout quand ceux-ci ne sont pas étendus sur une table, mais enfilés en manière de chapelet.

Il faut les prendre doucement ou par les ailes ou par le corps, sans les presser aucunement, et on les met sur des morceaux de toile ou d'étoffe de laine, afin qu'ils s'y accouplent. Leur accouplement est l'affaire du moment; on les transporte alors tous deux unis sur d'autre toile ou étoffe rasée, et on les y laisse ensemble quatre à cinq heures, après quoi on détache les mâles qu'on jette ailleurs.

Il arrive presque tous les jours qu'il y a des mâles et des femelles surnuméraires; il faut les placer sur une autre table jusqu'au lendemain pour les accoupler ensemble.

Il y a question sur la durée de cet accouplement que quelqu'un fixe entre les quatre et cinq heures, des autres le déterminent à huit, et des autres, et parmi ceux-ci M. l'abbé Rozier, l'étendent jusqu'à dix heures. Les mystères de la génération, s'ils ne sont pas les mêmes dans tous les animaux, ont sans doute entr'eux une espèce d'analogie. La graine fermentée pendant que le mâle a plus de vigueur, résulte plus fertile, et en raison égale plus vigoureuse. Il ne faut donc pas laisser trop le mâle avec la femelle, et n'étant pas trop possible d'en déterminer le tems, parce que la vigueur des mâles n'est pas égale en tous, nous avons pourtant remarqué, d'après les observations faites à cet égard avec une attention très-scrupuleuse, que le tems plus sûr et le moins périlleux à fixer pour l'accouplement, est de six heures environ.

Ce tems écoulé, on détache les mâles qu'on jette par les fenêtres, et on place les femelles ou sur des toiles ou sur des étoffes rasées, ou sur des feuilles de noyer ou de mûrier, qui sont agréées préférablement aux papillons attachés sur lesdites toiles ou étoffes suspendues à la muraille. Les femelles pondent et y attachent leurs œufs qu'on peut calculer à cinq cents environ; ensuite elles tombent épuisées et meurent: et comme il pourrait se faire que quelques œufs se détachassent, il faut avoir la précaution de faire un repli au bas des toiles ou étoffes, pour recevoir les œufs qui pourraient tomber.

Lorsque tous les œufs sont faits, on les expose quelques jours à l'air, pour laisser sécher la graine et lui laisser prendre toute sa consistance, on plie ensuite les morceaux d'étoffe auxquels elle est attachée, et on la conserve en la garantissant de l'humidité qui la pourrit, de la gelée qui tue le germe, et de la trop grande chaleur qui pourrait la faire éclorre avant le tems.

Ces trois précautions sont de rigueur, et moyennant cela, on peut détacher la graine quand on juge à propos, sans attendre plutôt l'un que l'autre mois pour devenir à cette opération.

On détache la graine avec une lame qui ne soit pas tranchante, et pour faciliter cette opération, on souffle sur la graine quelques gorgées de vin pour humecter l'étoffe : on rejette la graine jaune, et quand on a entièrement détaché celle qui est de couleur grise, on la jette un instant dans le vin, on sépare celle qui surnage et qui ne vaut rien, on fait sécher la graine à l'ombre, et on la divise dans des nouets par once tout au plus.

Quelqu'un met aussi la graine dans des bouteilles de verre; mais nous avons reconnu dans ce cas, qu'il y faut laisser un quart de vide, et de garnir les goulots d'un simple morceau de toile claire, afin que l'action de l'air ne soit pas interceptée.

La graine faite et conservée avec ces précautions est le présage d'une bonne récolte, et ne peut dégénérer, pourvu que la couvée soit faite en règle, et que la nourriture soit bonne.

Il y a question parmi quelques savans, si la graine du propre climat puisse dégénérer.

Nous avons fait des exactes observations à cet égard, et nous nous sommes aperçus que la graine faite avec les précautions requises ne dégénère en aucune façon.

M. Castellet, très-persuadé que la graine dégénère, propose un moyen, selon lui, infaillible et bien simple pour la renouveler; ce moyen est de choisir les plus petits cocons doubles, et une égale quantité des plus beaux cocons blancs mâles et femelles, et d'en accoupler les papillons qui en sortiraient: *De ce mélange*, dit-il, *naît une nouvelle génération qui participe à la vigueur toujours supérieure des papillons des cocons doubles, et à la beauté de la soie des cocons blancs* (23).

M. Dubet s'exprime ainsi: *J'avoue que l'infaillibilité de cette découverte m'étonne; nous la devons au hasard, car jamais le raisonnement n'y aurait conduit l'auteur* (24).

Nous avons voulu faire des expériences à cet égard, et nous les avons faites avec une attention très-scrupuleuse; mais nous avons eu de la graine ni différente ni meilleure de celle faite avec les autres cocons, moyennant les précautions requises.

---

(23) Istruzione circa il modo di coltivare i gelsi, di allevare i bachi da seta, e di filare le sete, del cavaliere Constans de Castellet, 1778, Torino, Soffietti, in 8.°, parte seconda, pag. 67.

(24) Dit ouvrage, par M. Dubet, pag. 67.

CHAPITRE QUATRIÈME.

Du tems et de la manière de faire la couvée des vers-à-soie.

Interrogeons la saison. Le moment du développement des feuilles doit être le guide le plus certain pour la couvée des vers-à-soie. Quelqu'un prétend que la lune y influe beaucoup ; mais sans entrer dans cette question longue, difficile et incertaine, il est mieux s'en rapporter à la sagesse de l'Éternel qui, ayant fixé la feuille du mûrier pour la nourriture de cet insecte, a également marqué le degré convenable à la sortie de la coque.

La couvée de la graine est un des objets qui influe le plus sur nos récoltes de soie. Cette opération est ou naturelle ou artificielle.

La couvée naturelle ou spontanée a lieu lorsque le ver éclôt par le seul effet de la chaleur de l'atmosphère, comme les chenilles éclosent sur les arbres. Elle ne paraît convenir à notre climat sans beaucoup de retard et sans nous exposer aux inconvéniens des chaleurs du solstice.

La couvée artificielle demande des grandes attentions, et c'est la seule à laquelle nous devons nous fixer avec sûreté.

Quand la pousse des mûriers paraît en général bien décidée, on s'attache sérieusement à la couvée, laquelle bien conduite exige l'espace de huit à neuf jours.

La méthode la plus usitée dans nos campagnes est de diviser la graine et de la placer en la quantité d'une ou deux onces au milieu de morceaux d'une toile douce et un peu usée : on réunit leurs quatre coins, on les lie avec un fil, en ayant attention de laisser plus de moitié de vide dans chacun d'eux.

Les femmes, les filles placent, pendant le jour, ces morceaux, ou entre deux de leurs jupes, ou entre leur chemise et leurs ſupes : pendant la nuit, elles placent les mêmes morceaux à côté d'elles, afin de maintenir à peu près le même degré de chaleur à l'incubation des graines.

Une fois ou deux dans les vingt-quatre heures on délie les morceaux, on remue la graine, afin que celle du milieu revienne sur les bords, et successivement celle des bords dans le milieu, pour égaler, autant qu'il est possible, l'incubation.

A mesure que la graine approche du moment d'éclorre, sa couleur cendrée devient blanchâtre.

Si les vers qui éclosent sont noirs ou d'un brun foncé, c'est un signe certain d'une bonne santé; mais lorsqu'ils sont rougeâtres, on peut les jeter; ils consommeraient de la feuille sans qu'il en résultât aucun avantage.

Quand on reconnaît que le ver sort de sa coque, on commence à jeter parci-parlà quelque feuille qui soit tendre, fraîche et qui ne soit point humide. Cette première nourriture contribue essentiellement à la santé des vers, et décide bien souvent la récolte.

Si la feuille est humide, elle leur donne la diarrhée, et les affaiblit au point que souvent ils ne supportent pas la première mue; si elle est dure, ils ne peuvent pas la ronger, ils souffrent de la faim et ils traînent une vie languissante.

Tous les vers montés sur les feuilles seront transportés dans leur logement, en y prenant les soins qui conviennent à leur âge.

On fait les levées des vers-à-soie en différentes heures, et même d'un jour à l'autre. On doit songer à les élever dans le même tems, c'est-à-dire à les faire muer à peu près tous ensemble, et on y parvient en donnant la feuille une demi-heure ou une heure plus tard aux premiers ou aux derniers.

Il arrive presque toujours que parmi les vers il y en a de ceux qui éclosent trop tard, et s'appellent des traînards. Nous avons reconnu qu'après avoir fait des levées pendant deux jours, il faut jeter le reste de la graine qui exigerait des soins minutieux, sans qu'il en résultât un avantage quelconque.

On n'ignore pas que ladite méthode universelle dans nos campagnes a quelques inconvéniens, à cause de l'incertitude du degré de la chaleur qui graduellement convient à la graine pendant les différens jours de la couvée, laquelle doit être poussée en portant la chaleur jusqu'aux vingt-cinq degrés, quand la feuille pousse; mais nos ménagères, ne connaissant pas même le nom du thermomètre, nous ricaneront au nez, et suivront constamment leur méthode.

Les femmes sont, parmi nous, les seules personnes qui, soit en Piémont, soit dans l'Italie, soient chargées du soin de la couvée et de l'éducation des vers-à-soie.

CHAPITRE CINQUIÈME.

Du logement des vers-à-soie, de leur éducation jusqu'après leur montée.

Les vers-à-soie sont dans leur pays natal destinés à vivre sur les arbres et en plein air. Mais la différence de notre climat ne leur permet pas le même régime de vie. Il faut leur donner un logement qui leur procure, autant qu'il est possible, les avantages qu'ils ont dans le pays dont ils viennent.

Plusieurs écrivains ont donné des plans pour la construction d'un atelier destiné à l'éducation des vers-à-soie. Parmi nous, nos coconnières sont nos maisons, ou plutôt celles-ci nous servent de coconnières. Il faut donc tirer le meilleur parti de ces habitations, et réparer par un peu plus de soin les inconvéniens du local auquel on est forcé de s'assujettir.

Tous les écrivains paraissent d'accord sur ces règles générales, c'est-à-dire de préférer un sol sec, et d'éviter le voisinage des lieux marécageux, des étangs, des forêts, des fumiers, des endroits bruyans et des voies où passent les grosses voitures; en un mot, on doit chercher l'air le plus salubre et le lieu le plus tranquille.

Les mêmes écrivains conviennent aussi que, comme il n'est pas possible de garantir les vers-à-soie du bruit du tonnerre, on doit être attentif à les préserver de la vue des éclairs qui les incommodent extrêmement par l'ébranlement que cette lumière vive et subtile cause dans leurs organes délicats.

On pense généralement que le meilleur air pour les vers-à-soie soit celui du levant et du couchant, et que les ouvertures de l'une de ces faces doivent être vis-à-vis de celles des autres, afin d'établir un courant d'air à volonté, et de l'échanger suivant le besoin.

Il faut aussi, par le moyen desdites fenêtres, procurer de lumière dans les chambres des vers-à-soie; on a tort de croire que ceux-ci se plaisent dans l'obscurité. L'expérience nous a démontré le contraire, ayant observé que dans une chambre éclairée par un seul côté, les vers se portaient vers l'endroit d'où venait la lumière. Nous avons tâché de convaincre de cette vérité les femmes du voisinage, pendant que nous vivions à la campagne. Nous les avons associées à nos observations; mais nous ne nous flattons pas de les avoir persuadées.

On ne doit pas oublier dans ces chambres une cheminée ou un poêle pour les allumer dans les froids tardifs ou imprévus.

Le ménagement de la chaleur et de la fumée décide de la vie de ces précieux vers, desquels on croit à propos de faire la description anatomique, d'après les observations du celèbre Geoffroi, rapportées par M. l'abbé Rozier dans son Cours complet d'agriculture (25).

Geoffroi, dans son Histoire abrégée des insectes, place le papillon du ver-à-soie dans la troisième section des insectes à quatre ailes farineuses sans trompe, et dont les antennes en forme de peigne vont en décroissant depuis la base jusqu'à l'extrémité. La chenille de ce papillon est à peau rase, et elle se forme en crysalide dans une coque formée de sa substance.

La chenille ou larve du ver-à-soie a la tête formée par deux espèces de calottes sphériques, dures, écailleuses, sur lesquelles on remarque des points noirs; ces deux calottes sont les yeux de l'insecte; sa bouche est placée à la partie antérieure de la tête; elle est armée de deux fortes mâchoires qui lui servent à ronger les feuilles. A la lèvre inférieure on voit un petit trou qui est la filière, et d'où sort le brin de soie qui forme le cocon.

---

(25) Cours complet d'agriculture par M. Rozier, art. *Soie*.

Lorsque le ver sort de la coque, sa couleur est cendrée, et quelquefois d'un rouge brun tirant sur le noir. Après la première mue, cette couleur s'éclaircit et devient d'un blanc jaunâtre. Ce ver a neuf anneaux, le dernier est l'anus, ou l'ouverture par laquelle l'insecte rend ses excrémens; chaque anneau est marqué sur les côtés d'une tache de couleur plus foncée que celle de la peau; elle est en forme de boutonnière, et présente une ouverture ou trachée, par laquelle l'insecte respire. On nomme ces ouvertures destinées à la respiration, *stigmates*. Ce nombre d'ouvertures destinées à la respiration prouve combien le ver-à-soie a besoin de respirer.

Les six premières pattes sont exactement les enveloppes de celles que le papillon aura : elles sont écailleuses et attachées aux trois premiers anneaux; les autres sont membraneuses, et resteront dans la dépouille de la crysalide.

Cette description du ver-à-soie montre l'extrême délicatesse de ses organes, et combien on doit les soigner dans son éducation, laquelle exige particulièrement une nourriture réglée et un air tempéré et pur.

Les vers-à-soie ont quatre mues, qui sont pour eux des maladies qui les fatiguent beaucoup ; et, en général, il est rare qu'ils n'apportent quelque déchet à la quantité des vers qu'on nourrit. Ces quatre mues font qu'on distingue communément la vie de ces insectes en cinq âges; et suivant ces divers âges, il faut les nourrir et les gouverner différemment ; mais, sans faute, avec une attention scrupuleuse.

Pendant le premier âge, c'est-à-dire depuis leur naissance jusqu'à la première maladie, on leur donne la feuille la plus tendre de jeunes mûriers sauvageons, mais avec l'attention qu'elle soit toujours bien fraîche.

Les vers, à cet âge, n'exigent pas des soins pénibles ; il suffit d'avoir un peu d'assiduité à les veiller et à fournir à leurs besoins ; c'est-à-dire en leur donnant deux ou trois repas pendant les vingt-quatre heures.

Il faut dans cet âge, comme dans les suivans suivre les préceptes généraux d'éviter de trop épaissir la couche de litière, afin que les vers ne croupissent pas dans une atmosphère mal-saine, et de les éclaircir souvent avec la même méthode qu'on use dans les autres âges ; c'est-à-dire, si on retarde quelque peu la donnée de la feuille, ils se jeteront sur la même avec avidité, et dans un instant elle en sera couverte : alors on prend les feuilles par leurs pétioles, et on les place sur d'autres claies. C'est par ces soins qu'on nettoie souvent ces insectes, on leur ôte la litière et les ordures qu'ils font, et plus ils seront éclaircis, ils seront en raison égale à leur aise, et mieux ils profiteront.

Ces préceptes d'observer la propreté pour les vers, et d'avoir soin qu'ils soient au large, sont communs à tous les âges, pendant lesquels on varie seulement en la quantité de nourriture, qui augmente en raison du volume de leur corps.

C'est à l'égard de cette nourriture qu'il faut avoir attention de ne la distribuer aux vers-à-soie quand elle est froissée, meurtrie, déchirée, pressée, outragée ou non parfaitement sèche. Toute feuille qui a été endommagée se corrompt facilement par le contact de l'air, parce que le suc s'est extravasé, et toute feuille aussi, qui par des circonstances pressantes a été cueillie sur la rosée du matin ou du soir, ou pendant la pluie, ne doit pas même dans cet état être distribuée aux insectes, parce qu'à cause de son humidité elle leur donnerait la diarrhée et les affaiblirait au point de ne pas supporter les maladies des mues.

Il faut répandre cette feuille aussitôt qu'elle a été ramassée, dans une chambre d'un rez-de-chaussée qui soit frais et exposé au nord. Il faut avoir attention, de peur qu'ellene s'échauffe, ne fermente et ne se flétrisse, de la remuer souvent, et de la porter dans l'atelier des vers-à-soie un quart d'heure avant que de la leur servir, afin de lui faire perdre le trop de froideur qu'elle aurait contracté dans le magasin.

Pendant le premier et le second âge, on entretient les vers-à-soie dans des claies ou boîtes; mais à la fin de la seconde mue on les transporte sur des tablettes; et ici il faut répéter que plus ces insectes seront au large, mieux ils réussiront.

Ces tablettes augmenteront en proportion que les vers grossissent ; et en raison égale il faut augmenter d'attention relativement à l'air, lequel doit être pur et renouvelé autant qu'il sera possible. La multiplicité des stigmates destinés à faire passer l'air aux poumons, le prouve; mais cet air si souvent inspiré et respiré se vicie par les exhalaisons dont il se charge dans son passage.

La putréfaction de leurs excrémens et des feuilles, et les émanations ou altérations du corps, rendent l'air méphytique.

Il faut donc changer la litière tous les jours, ou tous les deux jours au moins, tenir les vers au large et avec propreté, et donner de l'air frais à l'atelier, en ouvrant les fenêtres de l'une et de l'autre face, ou les seules d'un côté, selon l'air qu'il y respire.

Le renouvellement de l'air donne aux vers le tems nécessaire pour prendre leur nourriture ordinaire, et empêche leur précipitation à faire les cocons qui, en ce cas, seraient minces et peu soyeux.

La durée de leur vie sera selon les principes de leur nature ; et ils auront le tems pour préparer la matière soyeuse de leurs cocons.

Si pourtant la saison est trop chaude, et qu'on ne puisse pas rafraîchir l'atelier en ouvrant les fenêtres ou les portes, il faut arroser le plancher plusieurs fois dans la journée, et avoir dans l'atelier plusieurs vaisseaux remplis d'eau. Il en résultera sans doute deux bons effets; 1.°, l'eau absorbera l'air méphytique répandu dans l'atelier; 2.°, la chaleur fera évapover cette eau, et cette évaporation produira une sensation de fraîcheur; d'ailleurs l'air sera moins sec et plus facile à respirer.

Ces procédés bien simples préviendront la touffe, maladie fréquente parmi nous, et occasionnée par l'excessive chaleur de l'air extérieur qui vitie celui de l'atelier. L'électricité dont l'air est surchargé dans un tems bas, lourd et pesant, excite une prompte fermentation, soit dans les feuilles à demi rongées, soit dans leurs débris, soit enfin dans les excrémens des vers; il en résulte la putridité et un méphytisme plus ou moins accéléré et plus ou moins funeste.

Le renouvellement de l'air peut aussi se procurer par des parfums, l'usage desquels a été prescrit de tout tems, parce qu'il a paru même vraisemblable que les parties volatiles qui s'échappent par l'incinération des herbes odoriférantes et de tous les corps qui contiennent des odeurs suaves, ne peuvent qu'augmenter le ressort de l'air, en diviser les parties les plus grossières, et rendre plus sensibles celles qui sont putréfiées. Mais on ne parvient pas au but qu'on se propose, si en même tems on ne donne pas un échappement à l'air corrompu, en le remplaçant par un air nouveau.

Les parfums qui sont plus en usage, sont la fumée du vin ou du vinaigre, la torréfaction des herbes odoriférantes et du storax fin, qu'on brûle sur un réchaud au milieu de la chambre.

Les Chinois se conduisent plus simplement, en échauffant leurs chambrées avec de la bouse de vache séchée au soleil ; nous en avons fait l'expérience, qui quelquefois nous a réussi. Nous l'aurions continuée, pour en donner un résultat décisif, si nous n'avions pas abandonné notre séjour de la campagne.

Tous ces moyens pour purifier l'air et le rendre plus élastique, sont propres à prévenir les maladies accidentelles de ces insectes, c'est-à-dire les passis, les luzettes, les jaunes, les muscardins et autres; les rafraîchiront et donneront du ton à leurs fibres, et même s'ils en seront atteints, on peut espérer qu'ils guériront; mais il y a aussi une autre méthode dont nous avons fait l'expérience avec succès, d'après les renseignemens de M. l'abbé Sauvages, et c'est les bains d'eau la plus fraîche, qui, selon le témoignage dudit savant, ne peut produire aucun mal dans quelqu'âge et dans quelque circonstance que le vers puisse être, à l'exception des momens de la mue.

Deux jours ou trois au plus tard après l'apparition des deux dernières maladies qui sont les plus dangereuses, on délite les vers, on nettoie avec soin les tablettes, et on asperge les malades de l'eau la plus fraîche. Il est également bon et même plus prompt, de les plonger dans un vase rempli d'eau pendant une, deux ou trois minutes; après l'une de ces deux opérations, on réchauffe la chambre un peu fortement, et environ deux heures après, on donne aux malades un repas de feuille de sauvageon fraiche et propre ; ils reprennent l'appétit, leur peau blanchit, et cette couleur annonce leur guerison.

L'ancien gouvernement a, en 1750, donné des instructions qui regardent quelque partie de l'éducation des vers-à-soie ; elles furent republiées en avril 1772, 1781 (26), et prescrivent qu'étant l'air tempéré utile et même nécessaire aux vers-à-soie au moment où ils sont prêts à monter, et encore plus pendant qu'ils travaillent à la confection des cocons, le gouvernement veut que le public en soit averti, pour faire cesser le préjudice auquel une récolte aussi précieuse est exposée, en tenant les vers-à-soie pendant ce tems renfermés et privés de l'aliment de l'air. On doit se contenter de les garantir de l'air, lorsqu'il est trop violent, trop froid ou trop chaud ; encore dans ce dernier cas doit-on se restreindre à fermer les ouvertures du côté par où la chaleur peut pénétrer, et ouvrir, s'il est possible, celles qui apportent l'air frais, fût-ce même l'air du nord.

Le même gouvernement a aussi, dans les mêmes lois, instruit le public à l'égard des litières, en le

---

(26) Loi du 29 mai 1750, republiée le 30 avril 1772 et le 4 du même mois de l'an 1781.

prévenant que, quoique il soit convenable en tous tems et principalement aux époques de la mue, de débarrasser les vers-à-soie de toute ordure, il est aussi nécessaire d'enlever des planches les ordures ou le fumier, aussitôt que les vers-à-soie auront monté sur les cabanes; car l'expérience a également démontré que les vapeurs que ce fumier exhale, font souvent périr une partie des vers, lesquels ne produisent que des chiques, et ceux qui se trouvent assez vigoureux pour résister à ces exhalaisons, ne peuvent néanmoins donner à leurs cocons le degré de perfection nécessaire.

On voit par ces ordres ou instructions de l'ancien gouvernement, que, toujours attentif à ses soies comme une source principale de ses richesses, il est descendu dans des détails pour les avoir abondantes et parfaites; et, à cet effet, en suivant la marche de la récolte des cocons, on observe qu'ayant reconnu qu'il est important de réprimer l'abus introduit par plusieurs personnes de cueillir et détacher les cocons avant qu'ils soient parvenus à leur maturité, il a défendu de les ôter avant huit jours accomplis, à compter du jour où les derniers vers-à-soie seront montés et auront commencé à former les cocons. Il dit qu'ils seront censés tels, lorsqu'à l'ouverture des cocons on trouvera les vers avec les jambes non encore serrées à la totalité du corps, et le corps couvert de la seconde pellicule transparente.

Afin que cette disposition importante reçût son exécution, il était ordonné aux préposés à l'achat et à tous ceux qui acheteraient des cocons, de les reconnaître, en les coupant, dans le cas qu'ils doutassent de leur maturité, si en les agitant à l'oreille, ils n'entendaient point le bruit ordinaire causé par cette agitation.

Les propriétaires qui cueillent leurs cocons et les détachent avant le tems préscrit, les préposés à l'achat et tous ceux qui en achetaient, étaient assujettis à une amende de douze francs par chaque neuf kilogrammes de cocons, c'est-à-dire un rub, détachés avant leur maturité (27).

Une loi du 1783, en rappelant les précédentes, ordonne que les administrateurs du public députeront des préposés, qui ne pourront être ni fileurs ni commissionnaires d'achat, pour visiter les établissemens où l'on élève des vers-à-soie; ils veilleront à ce que l'on ait pour cet insecte utile le soin et l'attention nécessaires, afin que les cocons fussent de meilleure qualité, et ne fussent pas cueillis avant leur perfectionnement total (28).

Tout ceci confirme combien l'ancien gouvernement était zélé pour l'abondance et la perfection de ses

(27) Même loi du 29 mai 1750, republiée en les ans 1772 et 1781.

(28) Loi du 5 mai 1783.

soies ; mais pourtant, d'après les observations de plusieurs savans et les nôtres, nous ne voyons pas trop qu'on puisse constituer une contravention à l'égard de la maturité des cocons, parce que parmi les vers-à-soie d'une même classe et d'une même cabane, il y en a qui se mettent plus tard que les autres à l'ouvrage.

Les vers-à-soie emploient communément cinq à six jours à perfectionner leurs cocons ; mais comme il y a toujours des inégalités dans les âges et dans la célérité du travail, il est prescrit, parmi nous, de ne déramer les cabanes avant huit jours accomplis (29).

M. Rozier dit qu'il est prudent d'attendre huit ou dix jours (30) ; et MM. Dubet, de Sauvages et Thomé (31) pensent qu'il ne faut déramer qu'au bout de dix à douze jours, à compter de celui auquel les vers ont commencé à filer.

---

(29) Même ordre du 29 mai 1750, republié en les ans 1772 et 1781.

(30) Rozier, Cours complet d'agriculture, vol. 9, art. *Vers-a-soie*, chap. 10.

(31) Dits ouvrages de Dubet sur les vers-à-soie, pag. 167. — De Sauvages, sur l'éducation des vers-à-soie, 3.me mémoire, pag. 141. — De Thomé, Mémoire sur la manière d'élever les vers-à-soie, tom. 2, question 112, pag. 138.

C'est en règle, lorsqu'on vend ses cocons, de ne pas les laisser dans la bruyère plus long-tems qu'il en est nécessaire pour leur perfection, parce qu'ils sèchent, et le poids diminue, ce qui est une perte pour les vendeurs ; mais, d'autre part, ceux-ci, c'est-à-dire les femmes qui sont généralement les gouvernantes des vers-à-soie, s'empressent toujours de déramer, et il faut beaucoup pour les retenir, parce qu'elles sont persuadées que les vers diminuent de poids à mesure qu'ils approchent de leur transformation, c'est-à-dire, quand ils ont déjà les jambes serrées à la totalité du corps, et le corps couvert de la seconde pellicule transparente.

Cet entêtement de nos gouvernantes exige que dans les instructions à se donner pour la couvée et l'éducation des vers-à-soie, on répète de ne déramer les cocons avant leur maturité à se fixer au moins à dix jours ; mais il est sage de ne plus soumettre les contrevenans à aucune amende, parce qu'il n'est pas facile de les surprendre, par les motifs sus-énoncés ; et en outre il est de l'intérêt des acheteurs des cocons d'avertir, mais non de dévoiler les vendeurs à aucune autorité supérieure.

Lorsqu'on détache les cocons ou de la bruyère, ou des arbrisseaux, ou des rameaux parmi lesquels sont agréables aux vers-à-soie ceux des mûriers, comme nous avons observé plusieurs fois, on doit avoir attention à séparer les cocons chiques et ceux qui ont des taches.

Nous n'avons aucun ordre ni instruction à cet égard. Le réglement de Parme le prescrit en forme d'instruction (32), et il paraît que nous en devrions faire autant, s'il était publié parmi nous.

CHAPITRE SIXIÈME.

Consigne des cocons après leur récolte.

La législation de l'ancien gouvernement à l'égard de la consigne des cocons, tient aux réglemens des douanes, et c'est à ses préposés que tout propriétaire devait en faire la consigne entre les vingt-quatre heures après leur récolte (33).

Celui qui aurait oublié de faire la consigne, ou qui ne l'aurait pas faite véritable, était puni avec la perte des cocons ou de leur valeur (34).

---

(32) Cit. Regolamento di Parma, art. 21.

(33) Édit 12 avril 1651, republié le 24 avril 1702, 14 janvier 1720, 4 mai 1751, republié le 29 mars 1779.

(34) Dit édit 4 mai 1751, republié le 29 mars 1779.

Les propriétaires des filatures ou leurs préposés avaient aussi la même obligation, et étaient assujettis aux mêmes peines en cas d'omission ou d'infidelité de leur consigne (35).

CHAPITRE SEPTIÈME.

Vente des cocons ; monopoles qui peuvent avoir lieu dans leurs contrats.

Le gouvernement piémontais s'est sérieusement occupé de prévenir le monopole dans les contrats des cocons, qui pouvait facilement avoir lieu, parce que cette marchandise n'admet point de retard dans sa vente, soit parce que quelques vendeurs sont dans le cours de l'année astreints à se procurer des acheteurs de l'argent par anticipation.

L'acheteur dans l'un et l'autre cas a, dans l'équilibre de la chose, une certaine prééminence sur le vendeur; et ce fut par ces motifs, ou pour quelques autres abus qui pouvaient être introduits dans cette négociation, qu'il fut ordonné que les coupables du monopole dans les contrats des cocons seraient

(35) Loi 3 juin 1763, republiée le 4 avril 1781.

punis en raison des circonstances de leur fraude (36).

Ne serait-il pas une fraude le refus universel observé constamment pendant quelques années parmi les fileurs, de ne vouloir offrir aucun prix fixe aux vendeurs des cocons, mais seulement celui qui résulterait par les mercuriales dites parmi nous *la comune*, c'est-à-dire parmi les autres prix du même pays ou de ses environs? Comment pourra-t-on fixer un prix, dès que tous les fileurs sont d'accord de ne faire aucun paiement, sauf à compte? Ne sera-t-elle pas une fraude l'étrenne qui est donnée par les fileurs à quelque vendeur de cocons, sans la calculer dans leur prix? Ne sera-ce pas un contrat simulé qui retombe au préjudice de ceux auxquels on paye les cocons aux mercuriales?

Du reste, il n'y a aucune loi qui oblige de contracter les cocons plutôt d'une façon que de l'autre.

---

(36) Autre loi 3 juin 1763, republiée le 4 avril 1781.

CHAPITRE HUITIÈME.

De la liberté de faire circuler les cocons dans l'intérieur du ci-devant Piémont. Défense de les extraire à l'étranger.

Il était permis, dans l'ancien régime, de faire circuler les cocons d'un pays à l'autre sans paiement d'aucun droit de douanes, moyennant la seule précaution de faire résulter à ses préposés leur départ et leur arrivée dans les pays pour lesquels ils étaient destinés (37).

Cette liberté était assujettie à quelque limitation à l'égard des pays limitrophes qu'on considérait être ceux qui n'étaient distans de l'étranger que cinq milles de Piémont à se mesurer à vol d'oiseau et non par les chemins (38).

Il était prescrit de ne pouvoir conduire les cocons dans les pays limitrophes sans le bon plaisir de M. l'intendant général des gabelles, qui ne le donnait sans s'assurer que les cocons étaient véritablement destinés pour les filatures desdits pays, en lesquels on ne pouvait pas même les cueillir sans la permission du même magistrat (39). Tous ces ordres

---

(37) Dit édit 4 mai 1751, republié le 29 mai 1779.

(38) Édit 24 mai 1752.

(39) Loi 17 mai 1737, 9 juin 1745.

étaient pour éviter le danger de la sortie de notre précieuse marchandise à l'étranger, où il était rigoureusement interdit de la conduire (40), sauf que les cocons fussent percés ou autrement défectueux (41).

CHAPITRE NEUVIÈME.

Filatures grandes et petites, et de leur consigne.

Le célèbre Vaucanson est peut-être celui qui, parmi ceux qui se sont occupés de l'établissement des filatures, donne les plus sages et les plus satisfaisantes instructions à cet égard (42), et nous ne saurions mieux faire que de conseiller tous ceux qui ou en veulent construire, ou en sont déjà les propriétaires, de les adapter aux règles que ce mathématicien nous donne.

---

(40) Édits 28 avril 1701, 14 janvier 1720, 4 mai 1751.

(41) Dit édit 14 janvier 1720, 18 avril 1757.

(42) Académie des sciences de Paris, an 1773; on y trouve le dessein et la description d'une filature avec toutes ses dépendances.

Nous ne devons pas omettre que la plupart des filatures du ci-devant Piémont réunissent des avantages réels, soit pour perfectionner les soies, que pour s'y procurer toute l'économie possible.

Les filatures lesquelles, moyennant des tuyaux qui se prolongent jusqu'au-dessus du toit, exhalent la fumée qui noircit la soie et la rend moins brillante (43), mériteront toujours la préférence.

Il était défendu de placer des filatures dans la ville de Turin, ou d'y avoir des vers-à-soie, ou même d'exposer en vente de la feuille de mûriers (44); peut-être cette défense existait dans quelque autre ville ensuite de ses propres réglemens de police; mais il est enjoint partout de transporter tout de suite hors des lieux habités et en la distance de 308 mètres et 260 millimètres, c'est-à-dire 100 trabucs, les vers morts, et de les enfouir sous terre à la profondeur d'un demi-trabuc au moins (45).

Nos filatures sont de deux espèces; les unes s'appellent petites, et sont celles qui n'excèdent pas trois fourneaux: les autres nommées grandes, sont celles qui sont au-dessus dudit nombre (46).

---

(43) Réglement 8 avril 1724, §. 14.

(44) Ordre 18 décembre 1724.

(45) Ordre 10 juillet 1775.

(46) Dit réglement 8 avril 1724, §. 2.

Il fut toujours, et jusques dans le siècle XVII, prescrit à tous ceux qui voudraient tenir des filatures, soit grandes que petites, et de quelque qualité de soie que ce puisse être, et avant de commencer le tirage, d'en faire chaque année la déclaration, savoir : au secrétaire du consulat, pour les faubourgs et territoire de Turin ; et dans les autres villes, au bureau du juge, en y passant soumission d'observer les réglemens prescrits à cet égard, sous peine, à défaut d'avoir fait ladite déclaration ou soumission, de perdre les soies filées ou leur valeur (47). Ne pourrait-il pas cette peine être regardée trop grave ? Ne serait-il pas mieux de la réduire à une simple amende ?

Cette déclaration ou soit consigne des propres filatures, remonte à des tems reculés ; mais il y en avait une autre plus récente, et c'est celle qu'on devait faire aux préposés des douanes, même avant de commencer le tirage de la soie (48).

Il faut remarquer que la consigne prescrite à l'égard des filatures non excédant trois fourneaux, n'était pas de rigueur, parce qu'il y avait un ordre secret

---

(47) Édits 28 mai 1677, 19 mai 1681, 22 mai 1683, 17 mai 1687, 12 mai 1689, 23 mai 1693, 29 mai 1702, 11 mai 1711, 29 mai 1720, 8 avril 1724, §. 1, 30 juin 1757.

(48) Dit édit 4 mai 1751, republié le 29 mars 1779.

du roi qui prescrivait de ne pas y faire attention toutefois que les propriétaires ne l'auraient pas faite (49) ; les petites filatures jouissaient, par ce moyen, d'une certaine protection, attendu que chaque particulier pouvait user sans gêne de son droit de propriété, en faisant filer ses cocons et en acheter des autres. Par ce moyen le prix des cocons se soutenait à cause de la concurrence avec les gros fileurs, dont le nombre étant, en quelque district, réduit à deux ou trois, et pouvant faire partout des intrigues entre eux, il s'ensuit qu'ils étaient facilement à même d'en déterminer le prix à leur gré, et ainsi faire des monopoles (50).

Les mêmes filatures de trois fourneaux n'avaient pas l'obligation imposée aux autres d'être dirigées par une personne approuvée ; mais par des autres lois (51), il était enjoint aux propriétaires de celles-ci de filer leurs soies de huit à douze cocons, afin d'avoir dans le Piémont les trames nécessaires pour la manufacture de ses étoffes.

On ne comprend pas assez le motif pour lequel l'ancien gouvernement avait obligé ces petites filatures à fabriquer des trames, dès qu'on pouvait

---

(49) Ordre du roi à son conseil de commerce du 11 juin 1733.

(50) Dite loi 3 juin 1763, republiée le 4 avril 1781.

(51) Loi 29 mai 1725 ; 18 juin 1733 ; 10 juillet 1749.

des mêmes cocons tirer de la soie qui augmentait de valeur en raison de sa finesse , et on avait des trames en abondance dans le Novarais, Vigévénasque et autres pays de ce côté-là, qui également appartenaient au même souverain. Cette restriction de liberté faite aux petites filatures ne paraît être d'aucune utilité à l'état; ne serait-il pas sage de l'abolir, même sans l'obligation de la surveillance d'aucun maître, quoique le propriétaire puisse être exposé à ne pas travailler exactement ses soies?

L'intérêt particulier fait par soi-même des efforts surprenans dans l'industrie de toute espèce et surtout dans la commerciale, et la seule attention de se procurer des fileuses habiles prévoit ces inconvéniens qu'on pourrait craindre dans les petites filatures.

CHAPITRE DIXIÈME.

Poids.

Les lois piémontaises ne parlent d'aucune précaution particulière à l'égard des poids que l'on emploie dans les filatures pour peser les cocons. Leurs propriétaires s'en tiennent à la règle générale, qui est de les faire reconnaître chaque année par l'inspecteur nommé pour la rectification des poids (52).

Aujourd'hui, parmi nous, les officiers municipaux et les fonctionnaires chargés de la vérification des poids et mesures, sont tenus de s'en assurer de l'exactitude dans les boutiques et magasins, places publiques, foires et marchés (53), et plusieurs fois l'année.

La loi française qui ordonne l'exécution du merveilleux système décimal (54), ne prescrit pas de faire rectifier plus souvent les poids des filatures; mais il paraît qu'à cet égard on pourrait suivre un système de législation adopté dans les états de Parme et Bologne, lequel consiste en ce que dans le premier on rectifie une fois par jour, et dans le second deux fois par jour les poids et mesures dans lesdits ateliers.

Nous ne croyons pas que cette mesure pourrait être prescrite avec toute sévérité dans tout le cours de l'année, mais qu'à l'époque des filatures elle produirait le meilleur effet possible.

---

(52) Loi 26 septembre 1749; 18 janvier 1751.

(53) Loi du 1.er vendémiaire an 4, art. 11; et 29 prairial an 9.

(54) Arrêté du 13 brumaire an 9.

CHAPITRE ONZIÈME.

Fours.

Il faut prévenir que le ver renfermé dans le cocon où il se change en papillon au bout de dix-huit ou vingt jours, ne le perce pas. Il se trouverait par-là hors d'état de fournir la soie au tirage, attendu que le trou aurait coupé tous les brins qui le composent.

De tout tems on a songé aux moyens de prévenir ce dégat, n'étant pas possible de filer tous les cocons avant que les papillons percent; et si on pouvait le faire, on gagnerait beaucoup, parce que la soie serait plus belle, mieux lustrée, le brin plus fort et plus facile à tirer.

Il faut faire la guerre à la nature de ces insectes, moyennant leur étouffement, à l'égard duquel on a recours au four qui est le plus sûr moyen, en confrontation des autres tentatives qui furent faites à ce sujet.

La première et la plus ancienne façon d'étouffe les cocons, est de les exposer simplement pendant trois ou quatre heures à un bon rayon du soleil, lorsque la chaleur directe de cet astre fait monter la liqueur du thermomètre à quarante ou quarante-cinq degrés au-dessus du zéro.

L'inconvénient qui résulte de cette façon est de traîner trop long-tems, et d'être impraticable dans des tems couverts, ou à des faibles rayons de soleil, outre que les rayons même les plus ardens sont insuffisans pour étouffer tous les cocons également, si l'on n'a soin de les retourner de tems à autre et de les bien éparpiller (55).

La seconde méthode que M. Thomé dit être la plus en usage dans le Languedoc et la Provence (56), consiste à exposer à la vapeur de l'eau bouillante un tamis chargé de sept à huit livres de cocons, entrant juste dans une chaudière remplie d'eau aux trois quarts ; on rabat sur le tamis un couvercle fermant le plus hermétiquement qu'il est possible. Ce bain ne doit durer que cinq minutes environ, après quoi on les verse dans des corbeilles qu'on étoupe soigneusement avec des couvertures ; au bout de cinq ou six heures on met les cocons sécher sur des tables au grand air (57).

Une autre méthode publiée, il n'y a pas long-tems, est d'étouffer les vers-à-soie moyennant l'action de la vapeur vive et piquante du camphre. Cette

---

(55) Dits ouvrages de MM. Dubet, pag. 189. – Abbé de Sauvages, pag. 145. – Thomé, pag. 145.

(56) Dit ouvrage de M. Thomé, tom. 2, pag. 143 avec un mémoire de M. Villars, que la société royale d'agriculture de Lyon a jugé qu'il méritait d'être rendu public.

(57) Dits ouvrages de MM. Dubet, pag. 189, de Sauvages, pag. 149.

méthode a eu quelques prosélytes (58), mais elle est tombée presqu'entièrement, parce qu'on a reconnu que l'odeur de cette gomme orientale n'était quelquefois assez agissante, et que la dépense et les attentions minutieuses qu'il faut avoir, excèdent quelquefois l'économie du tems et de l'argent qu'on calcule partout, et aussi dans les filatures (59).

Une autre, et peut-être la seule méthode qu'on observe parmi nous, s'est de faire périr les vers-à-soie par la chaleur du four.

---

(58) Memoria esistente nel giornale di fisica, maggio 1778, ristampata dalla tipografia patria di Vercelli, sopra un nuovo mezzo di soffocare le crisalidi ne' bozzoli de' bachi da seta senza il soccorso del fuoco e dell' acqua bollente, scoperto dal signor Arnauld de Boisson, prete dell' oratorio, approvato dagli Stati di Linguadoca sulle prove fatte nei mesi di giugno e luglio 1777, in presenza del signor marchese di Monferrier e di M. Joubert, sindaci generali della provincia.

(59) Il setificio di Francesco Griselini, Verona 1783, in 4.°, Moroni, pag. 86. « La società patriotica di Milano, » prescelti tre de' suoi più rischiarati alunni a verificare » l' uso della canfora, lo trovarono questi incongruo, poco » sicuro, spesso inefficace ed anche pernicioso. » Opuscoli scelti sulle scienze e sulle arti; Milano 1779, 1790, vol. 2 e 13, in 4.°. – Marelli. Ed ivi, Memorie del signor Luigi Petazzi, e del signor abbate Vasco. *Il vapore della canfora non è quasi di alcuna utilità.*

On les étouffait anciennement au four des boulangers, que quelques-uns de nos négocians ont rectifié d'après quelque lumière de physique et de l'expérience.

M. Castellet annonce dans son traité des vers-à-soie, d'être inventeur d'un four qui, selon lui, arrête les coups de la chaleur, et n'a aucun inconvénient; il fut récompensé par les États de Languedoc, qui lui décernèrent une médaille d'or avec l'inscription dans le revers (60): *Bombicibus suffocandis aptati furni*, etc.

Cet auteur ne donne aucune description de son four, et offre seulement d'en donner à quiconque s'adresserait à lui pour l'avoir.

Ce four fut construit dans quelques filatures; comme plusieurs autres commerçans ont ensuite de préférence adopté celui du sieur François Durando, de Verzuolo, département de la Stura, qui ayant, en juin 1788, présenté le modèle à l'académie des sciences de Turin, elle lui a decerné, le 22 mars suivant, une médaille d'argent, d'après l'avis des commissaires MM. Bonvoisin et comte S.t-Martin (61).

---

(60) Citata opera del signor cavaliere de Castellet, pag. 152.

(61) Mémoires de l'académie royale des sciences, années 1788, 1789; Turin 1790, Briolo, in-4.°, pag. LXXXIII.

Le roi a également voulu récompenser les talens de cet homme, en ordonnant, le 13 mars 1792, de lui payer mille cinq cents livres de Piémont, selon notre avis que nous avons eu l'honneur de lui soumettre le 26 janvier du même an, comme procureur général du commerce.

Il nous paraît à propos de faire la description de ce four; mais rien n'égalera le rapport fait par les mêmes commissaires à l'académie, et traduit par M. le comte Balbe, qui est ainsi conçu (62):

Le four consiste en deux chambres, l'une au-dessus de l'autre; leur figure est un segment de sphéroïde. La chambre inférieure sert de foyer; on place dans la supérieure les corbeilles remplies de cocons. Le diamètre de la section sphéroïdale qui forme la base de chacune des chambres, est d'environ six à sept de nos pieds liprands : la hauteur ou centre est à peu près d'un pied et demi. La batisse est de brique, le ciment d'argile dans l'intérieur, de chaux au-dehors. La chambre supérieure a deux voûtes concentriques, séparées par un vide d'environ trois onces, qui communique à l'intérieur du foyer par douze trous de trois onces

---

(62) Dits Mémoires de l'académie royale des sciences, pag. LXXXIV. — Transunto degli atti della reale accademia delle scienze di Torino, compilato da Prospero Balbo segretario aggiunto (Torino, stamperia reale, in 8.°, pag. 132).

en quarré. Chaque chambre a son ouverture triangulaire, garnie d'une porte en fer blanc: par celle d'en bas on nourrit le feu; on introduit par l'autre les corbeilles de cocons. A côté de celle-ci est placé le tuyau qui communique avec l'entre-deux des voûtes supérieures, et donne issue à la fumée; au-dessus des deux chambres il y en a encore une troisième, d'un égal diamètre et de la hauteur d'environ quatre pieds; elle est voûtée, et n'a d'autre ouverture qu'une porte assez grande pour y entrer et y placer convenablement les corbeilles. Cette chambre ayant un pavé mince et poli, reçoit un reste de chaleur de la double voûte qui est au-dessous. Lorsque on juge que les vers sont presqu'étouffés, ou qu'une grande partie l'est déjà, on transporte les cocons dans la chambre plus élevée, où ils peuvent demeurer long-tems sans aucun danger. Pour connaître les avantages de cette nouvelle méthode, on n'a qu'à la comparer à l'ancienne. On échauffait, par l'action immédiate d'un feu très-vif, un four à une seule chambre, ensuite on ôtait le feu pour y introduire les corbeilles qu'on y laissait jusqu'à la mort des vers. C'était à l'ouvrier à saisir le moment à propos, et il arrivait bien souvent ou que les vers n'avaient pas tous péri, ou que la soie était endommagée. Il est beaucoup plus facile, dans le four du sieur Durando, de graduer le feu, de l'entretenir au degré convenable, et d'éviter tous les risques, sur-tout en faisant usage de la chambre plus élevée ; on y gagne de plus tout le tems qu'il fallait perdre après chaque cuite, pour réchauffer les anciens fours.

Après avoir étouffé, soit dans ce four, que dans les autres, les cocons, on les retire, on les couvre avec une couverture de laine chaude, et on les transporte dans un endroit frais. La chaleur ainsi concentrée achève de faire périr les animaux qui auraient encore quelques principes de vie.

L'expérience sera toujours celle qui instruira les hommes dans cette opération et leur indiquera le moment auquel ils auront à se décider, afin que les cocons ne demeurent au four ou trop ou trop peu.

Une loi du siècle XVII ordonnait d'avoir des hommes experts dans l'opération de faire cuire les cocons au four ; mais postérieurement on n'en a jamais plus parlé, quoique des autres articles de la même loi (63) aient été republiés ; la cherté, la disette du bois et la probabilité que les cocons puissent être moins endommagés dans leur cuite, ne pourraient-ils pas déterminer le gouvernement à choisir le four plus économique et moins exposé à porter préjudice aux cocons dans leur cuite, et obliger les propriétaires des filatures à en être pourvus dans un certain espace de tems, et même avant, toutes les fois que leur four puisse avoir besoin d'être reconstruit?

(63) Édit 14 mai 1677.

CHAPITRE DOUZIÈME.

Des ouvriers des filatures.

Les personnes qui figurent dans les filatures sont les préposés capables de répondre de la perfection du travail, les fileuses, les tourneuses et les éplucheuses, c'est-à-dire celles qui épluchent et séparent les cocons (64).

Anciennement les préposés et les fileuses étaient assujettis à des règles et à des conditions avant de s'occuper ou de travailler dans les filatures (65); mais à présent, même dans celles excédant trois fourneaux, ils peuvent tous les deux se livrer librement, soit à la surveillance des mêmes, soit à filer la soie, sans la moindre obligation.

La loi veut seulement que les filatures excédant trois fourneaux soient surveillées par une personne capable de répondre du travail; mais ne détermine pourtant pas les moyens par lesquels la même devra constater sa capacité (66). Ne pourrait-il pas paraître

---

(64) Réglement 8 avril 1724, §§. 2, 3, 13 et 16.

(65) Lois 2 juin 1608, 14 mai 1677, 19 mai 1681, 2 mai 1683, 17 mai 1687, 12 mai 1689, 23 mai 1693, 29 mai 1702, 11 mai 1711.

(66) Dit réglement §. 2.

à propos d'ordonner que celui qui voudra être préposé à la direction d'une filature soit obligé de s'y occuper, pendant quelque tems, en qualité de subalterne, et ensuite assujetti à un examen? A 'égard des fileuses, on pourrait omettre de leur imposer aucune autre condition, sauf celle déjà ordonnée par la loi, qui est que leur salaire sera payé à journée, et non à raison de tant la livre de soie qu'elles fileront (67).

Les fileuses de soie payées à raison de tant chaque livre, négligent la qualité pour s'attacher à la quantité, et, par conséquent, laissent passer toutes les ordures occasionnées par les mauvais croisemens qui ne sont négligés que pour avancer l'ouvrage, et gagner, par conséquent, davantage; au lieu que, dès que la fileuse est payée à journée, on a soin de la veiller, et elle a soin de faire mieux.

Ne serait-il pas aussi sage d'ordonner que les préposés à surveiller aux travaux de la filature, les fileuses, les tourneuses et celles qui épluchent et séparent les cocons, ne puissent réciproquement se départir sans s'en prévenir huit jours au moins d'avance? Cet ordre réunit l'avantage de tous les ouvriers, et on observe la même réciprocité entre les maîtres et les subalternes des autres arts,

(67) Même réglement §. 13.

métiers et manufactures, en lesquelles on a soin aussi de ne prendre aucun qui ait déjà travaillé chez un autre maître, s'il ne fait pas foi d'un certificat de bon service.

CHAPITRE TREIZIÈME.

De la séparation et de l'épluchement des cocons.

La séparation des bons avec les mauvais cocons est une chose très-essentielle dans une filature, comme aussi il est instant de leur lever la bourre qui les enveloppe, et de filer séparément les doubles, c'est-à-dire ceux formés par deux vers ensemble; ce mélange se trouvant réuni, ne peut que causer une imperfection dans la matière qui en est tirée.

L'ancien gouvernement prescrit cette séparation et cet épluchement, et condamne à une amende, soit le maître de la filature ou son préposé, soit la fileuse, toutes les fois qu'on aura mis dans la chaudière et filé des cocons sans qu'ils fussent séparés ou épluchés (68).

(68) Dit réglement §. 3.

Il pouvait bien arriver que, sans malice, par seule méprise et négligence matérielle, on devìnt à la filature des cocons ni séparés ni épluchés: cela était facile dans les grandes filatures, sur-tout dans les premiers jours, attendu la multiplicité des affaires. Le roi a voulu avoir égard à ces circonstances, et a ordonné en 1733, de ne pas faire attention à ces défauts, quand la soie mal filée n'est pas en grande quantité, parce qu'en ce cas la contravention pouvait plutôt être l'effet de la négligence du moment, que de la malice laquelle, en substance, n'était pas trop probable, parce qu'elle était en opposition à l'intérêt du propriétaire de la filature (69).

(69) Ordre du roi à son conseil de commerce, du 11 juin 1733.

CHAPITRE QUATORZIÈME.

Fourneaux, fumée, bassines, chevalets, dévidoirs, filature de la soie, croisement, union de ses fils et consigne de la même.

Nous avons parlé jusqu'à présent des personnes qui figurent et s'occupent dans les filatures; il sera maintenant question des bassines, des fourneaux et des machines qui en font le service et l'ornement; nous parlerons en outre du tirage des soies et de leur croisement qui unit tellement les fils ensemble, que tous les différens brins réunis ne composent qu'un fil qui, par cette opération, acquiert toute la consistance nécessaire pour l'emploi auquel il est destiné.

Les fourneaux que l'on use jusqu'à présent dans nos filatures, sont construits à volonté des propriétaires, quoique plusieurs savans aient tourné leurs méditations sur cet objet de l'économie publique.

Tous ont droit à notre reconnaissance, comme aussi à se persuader que leur four ait, dans son intérieur, la meilleure forme et les plus justes dimensions.

C'est aux physiciens géomètres à les vérifier en raison de la perfection de la soie et de l'économie du bois, duquel on lit dans le proême d'une loi du 1747, qu'il y en avait déjà une disette, et qu'en proportion on le payait bien cher (70).

Nous ferons l'énumération de ces savans inventeurs des fourneaux, afin que le gouvernement, s'il le juge à propos, soit en cas de faire constater entre ceux-ci et les autres dont il aura connaissance, le meilleur, et en ordonner, entre le délai d'un certain tems, la construction privative, pour le rapport qu'il y a entre l'intérêt de l'état et celui des commerçans et des particuliers.

La France a, sur cet objet, parmi les inventeurs l'ingénieux Vaucanson (71). Nous avons aussi les nôtres (72), et l'Italie n'en manque pas. Les nôtres sont connus plus particulièrement par les desseins qui ont été copiés, réunis et déposés dans les archives du consulat de Turin, et de son ordre.

Toute construction de fourneaux ne devra être déléguée au premier maçon venu, mais à quelque artiste reconnu, comme le sont, parmi nous, ceux qu'on appelle *chefs-maçons*, qui pour la plupart ont assez de connaissances. Il y a à Paris des artistes qui ne s'occupent que de toute espèce de

(70) Loi du 11 juillet 1747. *Trattandosi dello sparmio del bosco divenuto scarso e molto dispendioso ne' tempi presenti.*

(71) Actes de l'académie des sciences de Paris, en 1773.

(72) Mattei, Garzino, Faldella, Schioppo, Ghio, Feroggio et Bruno; parmi les Italiens il y a l'abbé Ottolini et l'architecte G. Turbini.

fours et fourneaux, et s'appellent, à cause de cela, *fourniers*.

Tous les fourneaux sont pourvus de leurs bassines ou chaudières qui doivent être ovales, minces et profondes de cinq pouces et demi (73) ; mais les savans qui nous ont donné des modèles des fourneaux, et que nous avons nommés ci-dessus, ont aussi inventé des bassines qui influent également à l'économie du bois, moyennant leur convexité et les tuyaux qui, en partageant dans toute leur circonférence l'action du feu, en concentrent la chaleur et la rendent plus active.

L'expérience seule doit cependant décider à quelle espèce de bassines on doit donner la préférence ; mais quelle que soit celle qu'on choisit, il faut qu'elle soit justement encadrée dans la partie supérieure du fourneau, de façon qu'il ne puisse s'en échapper ni fumée ni flamme, et qu'on n'oublie pas d'y changer l'eau au moins trois fois par jour pendant le filage des cocons (74).

On ne discutera pas ici la qualité de l'eau qui est la plus convenable au filage ; il suffit de remarquer qu'elle ne doit pas être crue, et qu'il faut la corriger toutes les fois qu'elle se trouve dans cet état.

---

(73) Dit réglement 8 avril 1724, §. 15.

(74) Même réglement 8 avril 1724, §. 11.

On ne parlera pas même de l'usage que quelqu'un depuis quelques années a cherché d'introduire, de filer à l'eau froide (75). Ceux-ci sont des véritables plagiaires qui n'ont fait que rappeler ce qui avait été inventé long-tems auparavant par des savans naturalistes (76), lesquels ayant fait l'analyse non-seulement de la gomme qui lie les fils des cocons, mais aussi de celle qui se trouve dans l'intérieur des vers-à-soie, se sont convaincus que, quoique tout sel neutre et plusieurs menstrues corrosives détortillent les fils des cocons, la soie en souffre, soit dans son nerf, que dans sa couleur, et même qu'elle n'est plus capable de recevoir à perfection la teinture (77).

En 1777 un desdits plagiaires ayant renouvelé ce projet parmi nous, le gouvernement, après

---

(75) M. François Giordana qui depuis le 20 mars jusqu'au 16 avril 1777 fit les expériences publiques dans les salles du conseil royal de commerce.

(76) Malpigi. - Boyle. – Geoffroi. – Mémoires de M. le comte de Saluces. – Miscellanea taurinensia, vol. 4. – Mémoire pour servir à l'histoire des insectes, par M. de Réaumur, tom. 1.er. – Mémoire 3, citato Baco da seta del signor Betti, pag. 297.

(77) Rapport du médecin Gioanetti, en date du 12 mars 1782, qui, d'après les ordres du roi, ayant fait l'analyse du secret proposé par le sieur Giordana, a reconnu les dommages qui, comme dessus, résultaient aux soies. Ce rapport qui honore le génie de cet académicien, se trouve dans les archives du consulat de Turin.

l'analyse exacte qu'il en a fait faire, l'a rejeté (78). Il paraît qu'il ait été aussi mis en avant dans les états du ci-devant duc de Parme, où il a eu le même sort, parce qu'il l'a condamné, en assujettissant à une amende, ceux qui l'auraient adopté, et subsidiairement à une peine corporelle (79).

Revenant aux bassines, il n'est pas possible de pouvoir déterminer d'une manière précise le degré de chaleur que doit avoir l'eau qu'on y met pour filer les cocons, ce qui dépend de leur qualité, savoir de ceux qui sont plus ou moins imbus de gomme, ce qu'il appartient à la fileuse de connaître par l'expérience.

C'est donc la bassine qui commence le travail, puisqu'après qu'on y a jeté un nombre de cocons proportionné à la qualité des soies qu'on doit filer (80), on les fouette avec un petit balai lorsqu'ils commencent à être chauds, afin de trouver le brin de chaque cocon; ce qu'on appelle en termes de l'art *faire la battue.*

---

(78) Lettre de M. le comte Corte, ministre de l'intérieur des états du roi de Sardaigne, et ensuite son gran-chancelier, écrite en date du 15 décembre 1781, d'ordre du même souverain, au consulat, dans les archives duquel elle est déposée.

(79) Réglement 13 juin 1758, §. 66.

(80) Dit réglement 8 avril 1724, §. 3.

Les fils de soie s'attachent aux pointes du balai; la fileuse le prend dans sa main, détache le nombre des brins qui lui est désigné pour former le fil, est très-attentive à ce que les soies se trouvent bien égales (81) et ne soient filées qu'à deux fils seulement, de manière qu'elles ne puissent former sur le dévidoir que deux écheveaux (82); la fileuse a aussi soin de faire croiser les soies fines et superfines, au moins quinze fois, et les autres en plus grand nombre et en proportion de la qualité de chacune et de sa grosseur (83).

Ce sont ces croisemens qui sont le point fondamental de la perfection que les Piémontais se sont acquise, et qui est tellement connue de toute l'Europe, qu'il n'est point de fabriquant dans cette partie du monde, qui ne soit obligé de convenir que les organsins qui servent à faire les chaînes ou toiles des étoffes de soie, et composés avec la soie du tirage du Piémont, sont les plus beaux et les meilleurs de ceux qui se font en Europe.

Les croisemens se font moyennant les tours ou chevalets qui sont prescrits parmi nous, et qui par leurs ingénieuses machines dont ils sont composés, feront toujours l'éloge du génie piémontais.

---

(81) Même réglement et même §. 3.

(82) Dit réglement, §. 4.

(83) Même §. dudit réglement.

Du reste, la façon de croiser les fils moyennant le mouvement et la résistance qu'ont entr'eux les mêmes machines sert à les unir tellement ensemble, que tous ces brins réunis ne composent qu'un fil qui, par cette opération essentielle, acquiert toute la consistance nécessaire pour l'emploi auquel il est destiné; elle l'arrondit et le déterge, de façon qu'aucun bouchon ou bavure ne peut passer à l'écheveau, ce qui est une qualité nécessaire pour former un parfait organsin.

On ne doit pas omettre de rapporter qu'en France, au lieu de nos machines, c'est-à-dire de nos roues et de nos pignons qui conduisent ce qu'on nomme le va-et-vient, il fut inventé par l'académicien Vaucanson, par Masurier, inspecteur des manufactures de Languedoc, et par Rouvier, fabriquant en bas, la corde sans fin, de laquelle on croit qu'on se sert dans quelque endroit dudit empire, en croyant que la même donne un degré de tension égale : mais il faut remarquer que nos roues et nos pignons donnent un mouvement de rouage qui doit avoir la préférence sur celui à corde qui est simple, et en outre il n'est pas aussi constamment uniforme en soi-même et dans la correspondance et réciprocité, comme celui du Piémont, où il est expressément défendu l'usage des chevalets à corde, sous peine d'une amende (84).

---

(84) Dit réglement 8 avril 1724, §. 15.

C'est à ce réglement qu'il faut s'en tenir de préférence, même ensuite aux épreuves que lesdits inventeurs en ont faites au mois d'avril 1745, dans l'orangerie de M. Le Nain, intendant de Languedoc, en sa présence, et à celle de plusieurs artistes. Le résultat des expériences, les observations et les raisonnemens qui ensuite ont été faits, prouvent à l'évidence la prééminence de notre tour, et on peut répéter avec l'auteur de l'Encyclopédie, qu'il y a autant de danger que de témérité à s'en écarter (85).

Les fils de soie ainsi croisés vont sur les tours qui reçoivent leur mouvement par la tourneuse, à laquelle il est permis de les faire tourner avec le pied ou la main (86), quoique anciennement il ne pût le faire qu'avec celle-ci (87).

Chaque ordre tend à la perfection des soies, lesquelles doivent être bien purgées, nettes et égales, selon leur qualité respective (88) ; les écheveaux de celles fines et superfines ne pourront être que de trois à quatre onces ; ceux des autres qualités

---

(85) Encyclopédie méthodique, article *Soie*, où l'on a tous les détails sur l'invention de la corde, sousfin, et sur son degré de tension et sur la préférence reconnue qu'on doit donner à nos roues et à nos pignons.

(86) Ordre du roi au consulat, 16 août 1749.

(87) Dit réglement 8 avril 1724, §. 16.

(88) Même réglement 8 avril 1724, §. 5.

pourront être depuis six jusqu'à huit onces (89); mais ni l'un ni l'autre des écheveaux ne doivent point être levés de dessus le tour, qu'ils ne soient bien secs; et, pour cet effet, chaque chevalet sera pourvu de deux tours, et de quatre, si les fourneaux seront doubles (90).

Les écheveaux ne doivent pas être nettoyés, parce que tout nettoyement exposerait les fils à s'en entortiller entr'eux; et on ne doit pas même lisser les écheveaux avec aucun ingrédient, parce qu'on pourrait en quelque façon altérer la qualité des soies (91), comme aussi les mêmes ne pourront être pliés qu'à deux tours, sans être liés avec une matière étrangère, afin qu'il n'entre dans le poids que de la soie, et on puisse facilement reconnaître s'ils ont été travaillés sans fraude (92).

Les soies sont le principal fonds de richesses du Piémont, et ce sont elles qui fournissent la presque totalité des moyens pour se procurer les objets qui y manquent; mais comme ceci tenait à l'économie politique, l'ancien gouvernement prescrivait aux propriétaires des filatures de faire, soit au consulat (93)

---

(89) Même réglement 8 avril 1724, §. 9.

(90) Idem, §. 8.

(91) Idem, §§. 17 et 18.

(92) Idem, §. 10.

(93) Idem, §. 12. — Lois 29 mai 1725, 18 juin 1733.

qu'aux préposés des gabelles, la consigne de la soie qu'on y avait travaillée dans l'année, afin de pouvoir en calculer, au moins par approximation, le montant, et reconnaître si, d'après le total de ses besoins et de ses produits, l'état demeurait débiteur ou créancier de l'étranger (94).

CHAPITRE QUINZIÈME.

Moulin à soie; son origine; sa situation; moulinage et différentes préparations des soies; leurs ouvriers.

LES soies, lorsqu'elles sortent des filatures, s'appellent *grèges*. Anciennement leur circulation dans l'intérieur de l'état était permise de la même manière que celle des cocons, ainsi que nous l'avons déjà dit (95); mais leur sortie était défendue pour gagner à l'état la main d'œuvre qui résultait par le moulinage (96).

---

(94) Dit édit 4 mai 1751. — Voyez aussi le chapitre 8.

(95) Même édit 4 mai 1751.

(96) Édits 28 juin 1698, 26 juin 1699, 13 juin 1700, 4 mai 1751.

Notre union à la France a produit une espèce de fraternité et de communion, par suite de laquelle la sortie des soies du Piémont est permise : les propriétaires des moulins à soie en souffrent des dommages ; plusieurs ouvriers qui n'ont ni l'habitude ni les forces nécessaires pour des autres occupations, se trouvent exposés à la misère ; mais n'avons-nous pas le droit d'espérer du cœur bienfaisant et paternel de S. M. I. et R., qu'ayant connaissance de ces dommages, elle n'avise aux moyens d'y remédier?

Ce fut en l'année 1272 que l'admirable machine du moulin à soie a été inventée par Borghesano, de Lucques, et construite pour la première fois dans la ville de Bologne, qui en a eu l'usage exclusif jusqu'à l'an 1538, à laquelle époque et successivement elle a été mise en œuvre à Modène et ensuite ailleurs (97).

Le premier moulin à soie fut construit en Piémont vers la moitié du XVII siècle, dans le faubourg du Ballon de la ville de Turin, laquelle en est encore la propriétaire.

Il en fut ensuite construit deux autres, un à la Vénerie (département du Pô) et l'autre à Carail

(97) Cit. Betti, pag. 232. — Cit. Zanon, tom. 2, pag. 62. – Cit. Muratori, dissert. 30. – Cit. Gemelli, tom. 1, pag. 272.

(département de la Stura), et successivement il en a été formé dans plusieurs autres endroits au gré des propriétaires.

Ces moulins sont de deux expèces. L'un à la main, l'autre à l'eau. Le premier a à peu près les mêmes machines que le second, quoique en moindre dimension, et on ne s'en sert ordinairement que pour les soies de la troisième et de la quatrième qualité.

Il s'en trouve peu dans ces contrées, à la réserve dans la commune de Cambiano peu éloignée de Turin.

Les seconds, par l'admirable régularité, résistance et fermeté des machines qui les composent, feront toujours honneur au génie qui les a inventés ; travaillent toutes les différentes qualités de soie, mais principalement les fines et superfines, et y donnent la dernière perfection, au point que nos organsins qui servent à faire les chaînes ou toiles des étoffes de soie ont la préférence sur les autres qui se font dans le reste de l'Europe.

Ni ces moulins à eau, ni les autres à main, peuvent être mis en exercice dans des endroits où il y aurait des fenêtres ou autres ouvertures relatives et près des écuries, ou du fumier, ou qui, en quelque autre façon, donneront aux soies des moyens pour en augmenter le poids ; et les coupables sont non-seulement assujettis à une amende de cent livres de Piémont, mais aussi à une peine majeure laquelle était arbitrée par le consulat, suivant l'exigence des cas (98).

Ceci confirme davantage que rien n'échappait à l'ancien gouvernement pour conserver le crédit de ses soies, autant qu'il songeait à en assurer la perfection, moyennant l'exécution des règles prescrites pour le tirage et le moulinage.

Nous avons déjà traité des premières, et à présent il nous reste à faire quelques réflexions sur les autres qui regardent le moulinage qui anciennement avait ses règles, non-seulement pour le travail des organsins et trames, mais aussi pour celui du poil et du filet d'or (99).

Les réglemens successifs ne font plus aucune mention sur la préparation de ces deux dernières qualités des soies, à cause qu'elles peuvent être travaillées aux mêmes moulins et avec les mêmes machines par lesquelles on donne la préparation aux autres.

Le poil qui est un simple brin de soie bien purgé, bien égal, faiblement tordu sur lui-même, est défendu en France, dans toutes les étoffes de soie, et ne peut être employé que dans la bonneterie. Le filet d'or est composé de plusieurs brins des soies les plus grossières, tordus fortement ensemble

---

(98) Réglement 8 avril 1724, §. 9, sur le moulinage des soies.

(99) Édit 19 mai 1668.

sans avoir eu de premier apprêt, s'emploie particulièrement dans les fabriques de galons d'or et d'argent (100).

Notre attention se réduit à parler des opérations qui se font pour travailler les soies, soit en organsin qu'en trame, et les purger des parties grossières et bouchonneuses échappées au tirage, et on obtient de les bien purger et nettoyer moyennant le dévidage.

Celle-ci est la première opération que la dévideuse exécute de deux façons, ou à la main ou par la machine, et consiste à renouer les bouts cassés et à purger la soie des brins trop faibles et inégaux qui, malgré l'attention des fileuses, échappent toujours dans le filage des cocons.

Suit l'autre opération qui est à donner à la soie dévidée un premier tort par le mouvement du moulin. Les bobines ou *roquelles* chargées de soie dans le dévidage, sont placées verticalement chacune sur un des fuseaux du moulin de premier apprêt, qui leur communique un premier tort qui est tel que le moulinier juge à propos de le déterminer.

La troisième opération est de fixer ledit premier apprêt, en exposant la soie déjà filée par le premier apprêt, lorsqu'elle a eu, à la vapeur d'une lessive, ce qu'en terme de l'art on appelle donner la *brève*.

---

(100) Cit. Dubet, Instruction sur le ver-à-soie, pag. 218, 219. – Dit Mémoire de M. Thomé, tom. 1, pag. 349.

Cette opération amollit la gomme de la soie, et le degré de tors se trouve fixé par cette espèce de dissolution et le refroidissement qui suit ce bain de vapeur: sans cette précaution indiquée par la nature même de la soie, le brin se recoquillerait, ne se prêterait pas à une tension égale, et le dernier apprêt serait imparfait.

Après que les soies sont ramollies, on vient à l'opération du doublage, c'est-à-dire de doubler les soies ainsi préparées à deux, trois ou quatre bouts. Le doublage se fait de deux façons, comme le dedévidage, savoir à la main et à la machine; et tous deux s'exécutent en développant les brins simples de dessus deux, trois ou quatre bobines, sur une autre.

C'est dans l'instant de ce développement que les soies se purgent de toutes les ordures, ou par la main des doubleuses à mesure qu'elles les font passer entre leurs doigts, ou par l'action des pinces garnies de drap, où se réunissent les brins quand ils descendent pour s'envelopper sur les bobines.

Reste la dernière opération, qui est celle de donner à cette soie doublée à deux, trois ou quatre brins le dernier tort ou le second apprêt, moyennant lequel l'ouvrage du moulinier est à son terme, hormis qu'il est encore tenu à cappier les organsins toutes les huit heures, à régler les poids de mateaux qui pourront être huit ou dix pour chaque livre, et à les plier de façon qu'ils ne soient pas trop serrés, afin que dans l'occasion de la vente il soit facile d'en reconnaître la qualité, et de découvrir toute manuœvre de fraude (101).

La trame aussi recherchée pour la fabrication de plusieurs étoffes, n'est autre chose que deux brins de soie purgés le plus exactement qu'il est possible, en les doublant ensemble, et qui ne sont point tordus séparément. C'est le fabricant qui doit prescrire au moulinier le degré des tors de la trame, suivant l'emploi auquel il la destine; mais elle devra être cappiée toutes les quatre heures de travail (102).

Le moulinage et les différentes préparations de la soie s'exécutent par les maîtres mouliniers qui auront constaté leur capacité et responsabilité en la somme de sept cent cinquante livres de Piémont, et par des ouvriers compagnons et apprentifs, en lesquelles respectives qualités il leur est enjoint de travailler pendant quelques années avant de pouvoir être admis à l'examen pour être reçus en qualité de maîtres (103).

Ces réglemens sont de bon ordre, comme le sont les autres; que le congé entre les maîtres et les subalternes ne puisse avoir lieu s'ils ne se sont réciproquement avertis quinze jours auparavant,

---

(101) Dit réglement sur le moulinage, 8 avril 1724, §§. 11 et 12.

(102) Même réglement §. 11.

(103) Dit réglement §§. 1, 2, 3 et 6.

comme aussi que les maîtres ne puissent contraindre leurs subalternes à acheter d'eux ou prendre à compte de leurs salaires respectifs aucune sorte d'alimens, ni pas moins les occuper dans aucun travail étranger au filage et moulinage des soies (104).

Il est défendu aux maîtres fileurs et à leurs subalternes de travailler les soies pures avec celles de douppion, chiques, baves et fleurets, et d'en altérer le poids en aucune manière.

Ceci serait une fraude qui, en aucun cas, ne mérite d'être tolérée, car elle porterait atteinte à la loyauté du négociant et à la bonne foi qui sont le soutien du commerce (105).

Du reste, la perfection des soies et des organsins du Piémont est connue de toute l'Europe ; les fabriquans en conviennent ; les savans que nous avons nommés l'attestent et le reconnaissent du climat, mais plus particulièrement de la sagesse de nos réglemens. M. Dubet, entre autres, s'exprime ainsi : *Quand ferons nous en France d'aussi sages dispositions ?* (106)

FIN.

---

(104) Même réglement §§. 13, 14.

(105) Dit réglement §. 9.

(106) Dit M. Dubet, pag. 207.

INDEX.

CHAPITRE SEPTIÈME.

CHAPITRE HUITIÈME.

CHAPITRE NEUVIÈME.

CHAPITRE DIXIÈME.

CHAPITRE ONZIÈME.

CHAPITRE DOUZIÈME.

CHAPITRE TREIZIÈME.

CHAPITRE QUATORZIÈME.

CHAPITRE QUINZIEME.

MÛRIERS
ET
VERS-À-SOIE.

www.ingramcontent.com/pod-product-compliance
Ingram Content Group UK Ltd.
Pitfield, Milton Keynes, MK11 3LW, UK
UKHW021125260726
13994UKWH00002B/989

9 782329 383255